DIRECTEUR
GUSTAVE PHILIPPON
Docteur ès sciences.

LES MICROBES DE L'AIR

PAR

R. CAMBIER
Attaché à l'Observatoire de Montsouris.

PRINCIPAUX COLLABORATEURS

MM. Le Dr Arthaud, chef des travaux de physiologie à l'École pratique des Hautes Études, professeur au collège Chaptal.

Le Dr Beauregard, professeur agrégé de l'École supérieure de phar-

Le Dr Beian, chef de clinique à la Faculté de Médecine de Paris.

Daniel Berthelot, assistant au Muséum.

Le Dr R. Blanchard, de l'Académie de Médecine.

macie.

Robert Cambier, attaché à l'Observatoire de Montsouris.

Capazza, aéronaute.

J. Chatin, de l'Académie de Médecine.

Henri Coupin, préparateur à la Faculté des Sciences de Paris.

Le Dr Dubief, médecin-inspecteur des épidémies de Paris, chef de laboratoire à l'hôpital Cochin.

Dr Raphael Dubois, professeur de physiologie à la Faculté des Sciences de Lyon.

Duclos, préparateur de botanique à la Faculté de Médecine de Paris.

G. Dumont, professeur à l'École des Hautes Études commerciales.

St. Ferrand, ingénieur-architecte, directeur du journal *Le Bâtiment*.

Camille Flammarion, directeur de l'Observatoire de Juvisy.

Le Dr Garran de Balzan, directeur de cours à l'Association philotechnique de Paris.

Dr N. Gréhant, professeur au Muséum.

E. de la Hautière, prof. agrégé de philosophie au lycée Saint-Louis.

Hanriot, de l'Académie de Médecine.

A. Hébert, préparateur de chimie à la Faculté de Médecine de Paris.

Koehler, professeur de zoologie à la Faculté des Sciences de Lyon.

H. Léauté, membre de l'Institut.

Lecomte, professeur agrégé d'histoire naturelle au lycée Saint-Louis.

Dr Lesage, chef des travaux pratiques à la Faculté de Médecine de Paris.

Levasseur, de l'Institut, professeur au Collège de France.

Gabriel Lippmann, de l'Institut, professeur à la Faculté des Sciences de Paris.

L. et A. Lumière.

Charles Martin, professeur de l'Université.

Martin, chargé de la direction du musée monétaire.

H. Mercereau, professeur de l'Université.

Stanislas Meunier, professeur au Muséum.

Victor Meunier.

Edmond Perrier, de l'Institut, professeur au Muséum.

Gustave Philippon, docteur ès sciences, directeur de la publication.

Paul Philippon, répétiteur à la Faculté des Sciences de Paris.

Le Dr Porak, de l'Académie de Médecine.

L. Prévaudeau, licencié en droit.

A. Quillard, préparateur à la Faculté de Médecine de Paris.

Dr Regnard, professeur à l'Institut national agronomique.

Rocques, ancien chimiste au laboratoire municipal de Paris.

Roux, assistant de la chaire d'agriculture au Muséum.

Roux, vétérinaire de l'armée.

Ch. Velain, chargé de cours à la Faculté des Sciences de Paris

Etc., etc., etc.

LES MICROBES DE L'AIR

par R. CAMBIER

attaché à l'Observatoire de Montsouris.

INTRODUCTION

Indépendamment du mélange d'oxygène et d'azote et des différentes substances gazeuses que l'on trouve normalement dans l'air atmosphérique, on y rencontre une infinité d'autres corps, y flottant, pour ainsi dire, grâce à leur extrême petitesse et à leur légèreté.

En écrivant ces quelques pages, notre but sera de donner un rapide aperçu sur la composition chimique de l'air et surtout sur la nature de ces substances solides connues sous le nom de poussières atmosphériques.

Il en est d'inertes et parfaitement inoffensives sur lesquelles nous passerons rapidement. Il en est d'autres au contraire qui, constituées par des organismes vivants, ont acquis, depuis les travaux de M. Pasteur, une importance considérable au point de vue de l'hygiène.

Il est aujourd'hui hors de doute qu'un grand nombre des maladies qui sévissent sur les végétaux, les animaux et les hommes ont pour origine certains champignons contenus dans l'air et transportés par lui à des distances souvent très considérables.

Nous étudierons donc spécialement ces organismes vivants aussi complètement que nous le permettra le cadre très restreint de cette publication.

CHAPITRE PREMIER

COMPOSITION CHIMIQUE DE L'AIR

Malgré de nombreuses sources d'altération dues aux émanations gazeuses provenant du sol, l'air atmosphérique présente dans ses éléments essentiels une constance de composition très remarquable.

L'atmosphère est principalement formée d'un mélange d'oxygène et d'azote dont la proportion est de 20 litres 93 d'oxygène pour 79 litres 07 d'azote; soit 23 grammes du premier gaz pour 77 grammes du second.

C'est Lavoisier qui, par une expérience à jamais célèbre, à laquelle il faut faire remonter l'origine de la chimie moderne, a établi le premier la composition de l'air en volume et en poids que nous venons d'indiquer,

Rappelons brièvement cette expérience.

En chauffant au contact d'un volume d'air bien connu une certaine quantité de mercure, Lavoisier vit ce métal se recouvrir de paillettes cristallines rouges (précipité *perse* des alchimistes) et qui est formé par de l'oxyde de mercure. Le gaz restant était incapable d'entretenir la vie ainsi que la combustion : Lavoisier lui donna le nom d'azote[1].

Ayant chauffé d'autre part l'oxyde de mercure dans une petite cornue, il remarqua qu'un gaz se dégageait. Le gaz, air vital ou oxygène, contrairement au premier, possédait au plus haut degré la propriété d'entretenir la vie et la combustion.

En mélangeant les deux gaz ainsi obtenus, Lavoisier reconstitua un mélange présentant toutes les propriétés de l'air respirable.

L'air atmosphérique est donc un mélange gazeux, transparent, incolore, inodore, sans saveur.

Un litre d'air pur et sec pèse 1gr,293 à 0° et à la pression normale de 760 millimètres de mercure.

---

1. Azote vient de deux mots grecs signifiant *sans vie*.

La densité de l'air a été choisie comme unité et c'est à elle que l'on rapporte la densité de tous les autres gaz.

L'air contient normalement un certain nombre d'autres corps gazeux, dont les plus importants sont : la vapeur d'eau, l'acide carbonique, l'ozone, l'ammoniaque, etc., etc.

La *vapeur d'eau* existe en tout temps et en tous lieux dans l'air. Lorsque, par suite de l'abaissement de température ou d'une augmentation de pression, une partie de la vapeur d'eau se condense et prend l'état vésiculaire, elle constitue les météores connus sous le nom de brouillards et de nuages. La quantité de vapeur d'eau répandue dans l'air ou dans un gaz quelconque se mesure par l'état hygrométrique de ce gaz. On appelle *état hygrométrique* d'un gaz le rapport qui existe entre le poids de vapeur d'eau qui se trouve contenu dans un certain volume de ce gaz et le poids de vapeur d'eau qui serait contenu dans le même volume de gaz saturé d'humidité à la même température.

Les instruments qui servent à déterminer l'état hygrométrique des gaz sont appelés hygromètres. Les plus employés sont : l'hygromètre à cheveu de Saussure et l'hygromètre à rosée de Regnault.

Lorsqu'un corps froid se trouve au contact de l'air, une certaine quantité d'humidité s'y dépose. C'est ainsi que pendant les nuits sans nuages, la terre perdant par rayonnement la chaleur qu'elle avait acquise pendant le jour se refroidit suffisamment pour que la vapeur d'eau contenue dans l'air ambiant s'y condense, c'est ce qui constitue le phénomène de *rosée*.

L'*acide carbonique* existe dans l'air en quantité constante variant ordinairement entre deux et six dix-millièmes.

D'après Boussingault, le volume de ce gaz à Paris diminue la nuit et augmente le jour. Quoi qu'il en soit, la grande moyenne de l'acide carbonique paraît être environ de trois dix millièmes dans l'atmosphère terrestre. On a proposé pour expliquer cette constance remarquable diverses théories. Les plus vraisemblables reposent sur la décomposition des roches par oxydation et par réduction successives.

D'autres s'appuient sur la respiration chlorophylienne des plantes.

Les végétaux, en effet, lorsqu'ils sont exposés à la lumière solaire, réduisent l'acide carbonique, fixent le carbone dans leurs tissus et restituent l'oxygène à l'air.

Tout le monde sait qu'en abandonnant de l'eau de chaux ou de baryte au contact de l'air, la solution primitivement limpide ne tarde pas à se recouvrir d'une mince pellicule de carbonate de chaux ou de baryte insoluble; carbonate dû à la combinaison du corps en solution avec l'acide carbonique de l'air.

Dumas et Boussingault, dans leur mémoire sur l'air, disaient :

« Quelques calculs qui ne peuvent avoir une précision bien absolue, sans doute, mais qui reposent néanmoins sur un ensemble de données suffisamment certaines, vont montrer jusqu'où il conviendrait de pousser l'approximation de l'analyse pour atteindre la limite où les variations d'oxygène pourraient se manifester d'une manière sensible. L'atmosphère est sans cesse agitée; les courants excités par la chaleur, par les vents, par les phénomènes électriques, en mêlent et en confondent sans cesse les diverses couches. C'est donc la masse générale qui devrait être altérée pour que l'analyse pût indiquer les différences d'une époque à l'autre.

« Mais cette masse est énorme. Si nous pouvions mettre l'atmosphère tout entière dans un ballon et suspendre celui-ci au plateau d'une balance, il faudrait pour lui faire équilibre dans le plateau opposé 581,000 cubes de cuivre de 1 kilomètre de côté.

« Supposons maintenant, avec B. Prévost, que chaque homme consomme 1 kilogramme d'oxygène par jour, qu'il y ait mille millions d'hommes sur la terre et que, par l'effet de la respiration des animaux et la putréfaction des matières organiques, cette consommation attribuée aux hommes soit quadruplée.

« Supposons de plus que l'oxygène dégagé par les plantes vienne seulement compenser l'effet des causes d'absorption d'oxygène oubliées dans notre estimation; ce sera mettre bien haut, à coup sûr, les chances d'altération de l'air. Eh bien! dans cette hypothèse exagérée, au bout d'un siècle, tout le genre humain et trois fois son équivalent n'auraient absorbé qu'une quantité d'oxygène égale à 15 ou 16 cubes de cuivre de 1 kilomètre de côté, tandis que l'air en renferme près de 134,000.

« Ainsi, prétendre qu'en y employant tous leurs efforts, les animaux qui peuplent la surface de la terre pourraient en un siècle souiller l'air qu'ils respirent au point de lui ôter la huit millième partie de l'oxygène que la nature y a déposé, c'est faire une supposition infiniment supérieure à la réalité. »

Ammoniaque. — La présence de l'ammoniaque dans l'air a été rendue incontestable par les travaux de M. Schœsing.

A Paris le poids de ce corps exprimé en azote est en moyenne de $2^{mg},2$ pour cent mètres cubes d'air.

L'ozone [1], découvert par M. Schœnbein, se produit dans un grand nombre de circonstances, notamment sous l'influence de décharges électriques dans l'air.

On peut mettre sa présence en évidence au moyen d'un papier réactif, que l'on prépare en trempant des bandes de papier-filtre dans une solution d'iodure de potassium additionnée d'amidon; ce papier ozonoscopique bleuit plus ou moins sous l'influence de l'ozone atmosphérique.

M. Albert Lévy dose l'ozone en faisant barboter un volume connu d'air dans une solution titrée d'arsénite de sodium, contenant $4^{gr},95$ d'acide arsénieux pur, par litre, et évalue ensuite, au moyen d'une solution titrée d'iode, l'arsénite de soude restant.

D'après ce savant, la quantité d'ozone qui existe dans l'air du parc de Montsouris est d'environ un milligramme et demi pour cent mètres cubes d'air, avec des maxima pouvant atteindre 4 milligrammes.

Dans l'atmosphère parisienne l'ozone fait presque complètement défaut.

Il est fort probable que ce gaz très actif sert à faire disparaître de l'air atmosphérique les miasmes qu'il contient.

C'est M. Schœnbein qui a émis le premier l'opinion que l'ozone est un agent destructeur des miasmes putrides, de sorte que la présence de ce gaz dans l'air serait d'après lui un gage de salubrité.

---

1. L'ozone n'est autre chose qu'une modification polymérique de l'oxygène dans laquelle trois volumes d'oxygène sont condensés en un seul.

On trouve encore dans l'air atmosphérique une faible quantité d'acide azoteux ; ce corps du reste n'y est contenu qu'à l'état d'azotite d'ammoniaque. M. Schœnbein admet qu'il est engendré par la réaction de l'azote sur l'eau sous l'influence de certaines oxydations qu'éprouvent au contact de l'air les substances végétales.

La présence de petites quantités de vapeurs d'iode dans l'air atmosphérique a été fortement contestée. Suivant M. Chatain, l'atmosphère contiendrait normalement une faible dose d'iode et la disparition de ce corps dans l'air ou l'eau de certains pays montagneux coïnciderait avec l'existence du goitre chez les habitants [1]. M. Bonis a constaté souvent la présence de l'iode dans les eaux pluviales. Cet iode semble vraisemblablement provenir de l'atmosphère et avoir été entraîné par la pluie.

CHAPITRE II

POUSSIÈRES INERTES

Quand on examine au microscope, avec un grossissement de 100 à 500 diamètres, les sédiments atmosphériques recueillis par des procédés que nous indiquerons plus loin, on y distingue des corpuscules minéraux amorphes ou cristallisés, transparents ou opaques, que l'analyse micro-chimique montre formés, pour la majeure partie, de charbon, de quartz ou cristal de roche, de silex, de sulfates, carbonates, phosphates de chaux (*a*, fig. 5) et de globules de fer météorique (*e*, fig. 5). Ces globules ferrugineux ont été très bien étudiés par M. G. Tissandier, qui les a séparés des autres sédiments en mettant à profit la propriété, qu'ils possèdent, d'être attirables à l'aimant.

On trouve aussi fréquemment, surtout dans l'atmosphère des centres industriels, une grande quantité de granules

---

1. F. Le Blanc, *Dictionnaire de Chimie* de Wurtz, page 86.

noirs ou rougeâtres parfaitement sphériques, d'un diamètre voisin de un millième de millimètre, paraissant formés de résine volatile entraînée au loin par la fumée des usines.

A côté de ces éléments, apparaît une certaine quantité de détritus animaux et végétaux : tantôt en amas informes agglutinés par une substance visqueuse jaunâtre, tantôt bien isolés, et il est alors facile de reconnaître la présence des cellules épithéliales, des écailles de papillons, des antennes et des pattes d'insectes, du duvet, des trachées (*b*, fig. 5), des poils de laine et des filaments de coton diversement colorés, le plus ordinairement en bleu, des fragments de vaisseaux, des cadavres d'infusoires, des grains d'amidon de blé, d'orge, de seigle et de pomme de terre.

Quelquefois, mais très rarement, on trouve dans l'air des œufs d'infusoires [1]. On arrive assez facilement à mettre leur présence en évidence en recueillant de l'eau de pluie dans un petit vase contenant quelques fragments de plantes vertes, et préalablement purgé de germes par un chauffage d'une demi-heure à 150°. Au bout de quelques jours on voit le liquide peuplé d'une quantité de ces animalcules, appartenant le plus généralement aux Monades, aux Amibes, aux Flagellés, aux Ciliés, etc...

La composition micrographique des sédiments de l'atmosphère peut presque toujours permettre de déterminer leur provenance. L'air des habitations contenant une grande quantité de fibres textiles, provenant des vêtements, des étoffes de tentures se distingue facilement de l'air des campagnes qui en est dépourvu. L'air des rues urbaines contient encore quelques-unes de ces fibres textiles, mais on y voit apparaître de nombreux détritus terreux provenant du sol. L'air de la campagne se montre surtout chargé de cellules épidermiques et de fibres ligneuses arrachées aux végétaux par le vent. M. Tissandier évalue à huit millièmes de gramme environ, dans des conditions météorologiques ordinaires, le poids des poussières inertes contenues dans un mètre cube d'air à Paris. Suivant M. Miquel, après une période de pluie

1. Les infusoires sont des êtres microscopiques qui pullulent dans les infusions végétales. — Ils sont quelquefois assez volumineux pour être vus à l'œil nu.

prolongée, il n'est pas de balance assez sensible pour évaluer le poids des poussières contenues dans plusieurs mètres cubes d'air puisé au parc de Montsouris.

Le procédé le plus simple pour recueillir les poussières de l'atmosphère consiste à exposer au contact de l'air une plaque de verre enduite d'un liquide visqueux. Ce procédé est défectueux en ce sens que les éléments grossiers tels que des débris de feuilles mortes, des insectes, viennent souiller la préparation; de plus il est impraticable en temps de pluie.

Dans ses recherches sur les générations spontanées,

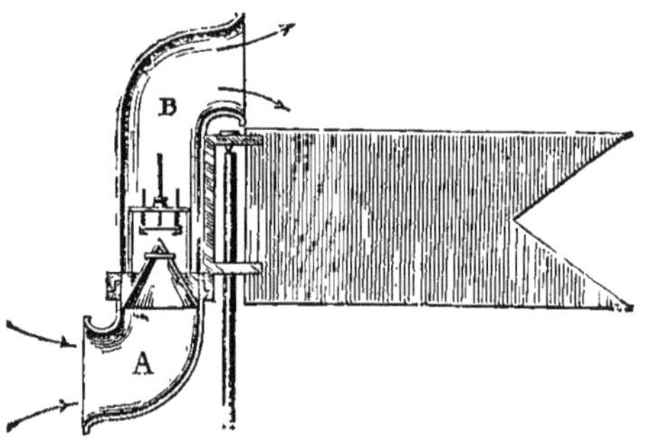

Fig. 1. — Aéroscope à girouette.

M. Pasteur filtrait sur des bourres de fulmi-coton une certaine quantité d'air qui y abandonnait ses corpuscules solides. On dissolvait ensuite le filtre dans un mélange d'éther et d'alcool, et on examinait au microscope le dépôt qui tombait au fond du vase.

Cette question de la récolte des sédiments aériens a vivement préoccupé les savants micrographes. Comme elle a une grande importance au point de vue des recherches sur les spores cryptogamiques que nous étudierons plus loin, nous allons décrire avec quelques détails les appareils qui nous paraissent devoir conduire au meilleur résultat. Ces appareils, connus sous le nom d'aéroscopes, sont tous basés sur l'aspiration d'un volume déterminé d'air, soit au moyen d'un aspirateur gradué, soit au moyen d'une trompe et d'un compteur, soit encore en mettant à profit la vitesse du vent.

L'aéroscope de Pouchet est formé d'un cylindre de verre vertical, dont une extrémité est en relation avec un aspirateur et dont l'autre contient un tube destiné à projeter le jet d'air sur une plaque glycérinée.

M. Miquel a imaginé pour l'observatoire de Montsouris les deux aéroscopes dont nous donnons le dessin et dont le

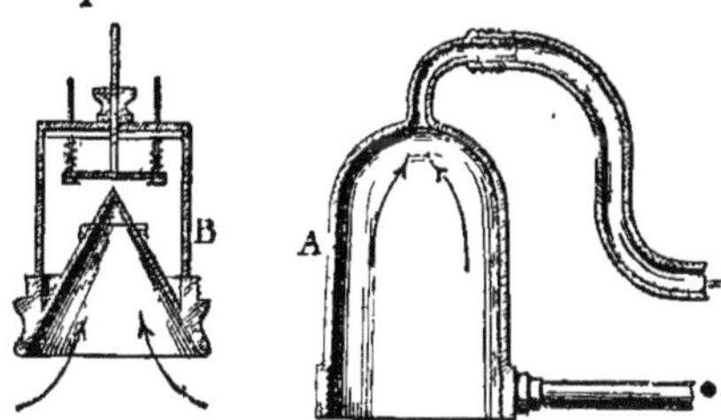

Fig. 2. — Aéroscope à aspiration.

fonctionnement se comprend sans peine. Le premier (fig. 1) est un aéroscope à girouette dont l'embouchure A se tourne constamment du côté d'où souffle le vent.

Dans le second (fig. 2) le passage de l'air à travers l'appareil a lieu par l'action d'une trompe aspirante.

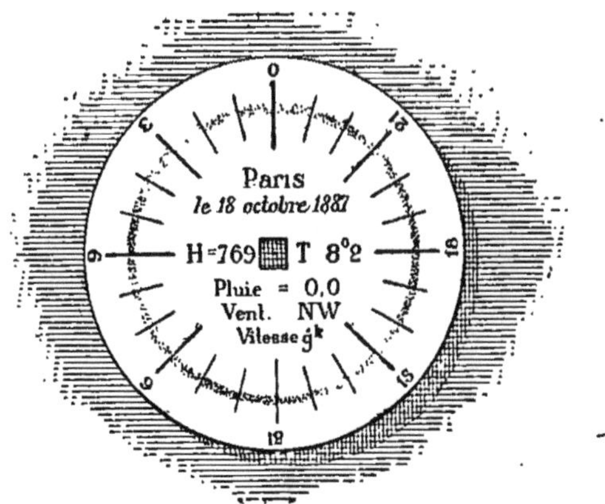

Fig. 3. — Disque gradué de l'aéroscope enregistreur.

Dans ces deux appareils l'air est dirigé par le cône percé sur une lamelle de verre mince enduite de glycérine que l'on monte en préparation pour être examiné au microscope

Disons enfin que l'on construit des aéroscopes enregis treurs, mus par un mouvement d'horlogerie (fig. 3 et 4) qu

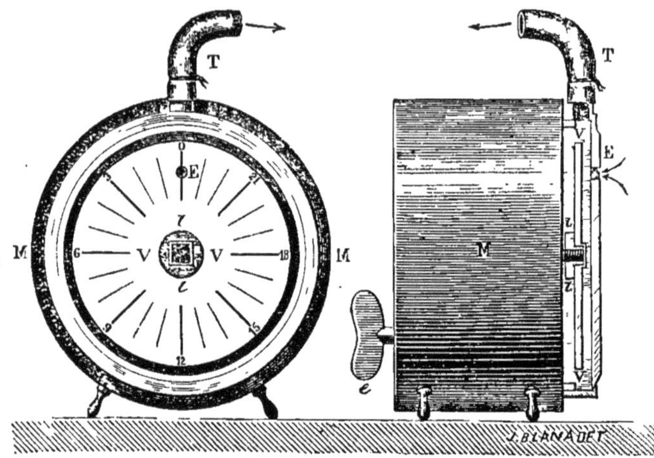

Fig. 4. — Aéroscope enregistreur.

permettent d'étudier les sédiments atmosphériques qui viennent s'y déposer et de se rendre compte de leurs variations diurnes et horaires.

CHAPITRE III

CORPUSCULES ORGANISÉS DE L'ATMOSPHÈRE

A côté des poussières inertes et des détritus organisés que nous venons de passer brièvement en revue, le microscope nous permet d'apercevoir dans les poussières de l'air, différents corps organisés tels que : des *pollens*, des *spores cryptogamiques* et des *germes de bactéries.*

Les pollens proviennent des organes reproducteurs mâles

(étamines) des plantes phanérogames. Ils sont incapables de germer par eux-mêmes et ont pour fonction de féconder les ovules femelles. Ils sont très répandus au printemps et en été où leur nombre peut atteindre à Paris jusqu'à 10,000 par mètre cube d'air. Ils deviennent plus rares en automne

Fig. 5. — Pollens atmosphériques.

et surtout en hiver. Les atmosphères confinées en contiennent beaucoup moins que les atmosphères libres; l'atmosphère des canalisations d'égouts souterrains en est totalement dépourvue. La figure 5 (*d*) montre quelques spécimens de ces pollens. Ils se présentent sous forme de petits corps sphéroïdes ou pyramidaux, pourvus d'une membrane enveloppe et d'un contenu plus ou moins granuleux. Leur couleur est très variable. Ils sont le plus souvent teintés en jaune, en vert, en brun. Leur surface est percée d'une ou plusieurs bouches ou stomates; elle est lisse, hérissée de poils, ou finement sculptée.

Les corps organisés vivants qui nous restent à étudier maintenant sont désignés plus spécialement sous le nom de microorganismes. Ils appartiennent à la famille des champignons inférieurs.

Les champignons (mycètes) font partie de la famille des cryptogames, caractérisée par sa propagation au moyen de spores. Ils se divisent, d'après Flügge, au point de vue de l'hygiène, en quatre grandes classes : les Moisissures, les Micétozoaires, les Saccharomyces et les Schizomycètes. Cette dernière classe, plus connue sous le nom de bactéries ou de microbes sera, vu son importance, étudiée dans un chapitre spécial.

Les *moisissures* (champignons proprement dits ou fungi) consistent en cellules microscopiques dans lesquelles on distingue : une membrane enveloppe et un contenu plasmatique. Ils croissent par allongement des cellules qui forment des filaments (*hyphes*), dont l'ensemble est nommé *thalle*. Celui-ci se divise bientôt en *mycélium* et en *carpophore*. Les filaments mycéliens possèdent à un haut degré la propriété de pénétrer dans le corps nutritif sur lequel le champignon vit en parasite. Les dents et les os peuvent être pénétrés par eux.

Les filaments carpophores ont pour mission de former des spores qu'ils expulsent à l'époque de la maturation. Ces spores sont alors charriées par l'atmosphère et donneront naissance à un végétal nouveau lorsqu'elles se trouveront portées dans un milieu favorable à leur germination. Ce mode de reproduction n'est du reste pas général pour toutes les moisissures : qu'il nous suffise d'en indiquer le principe.

Les spores cryptogamiques, que l'on rencontre dans l'air, affectent la forme de petites sphères plus ou moins régulières, de fuseaux, de croissants contournés ou non, et dont les détails de structure sont infiniment variés. La figure 6, dessinée par M. Miquel, représente les spores les plus fréquentes de l'atmosphère du parc de Montsouris.

En comptant avec soin les spores cryptogamiques qui viennent se déposer sur les lamelles glycérinées des aéros-

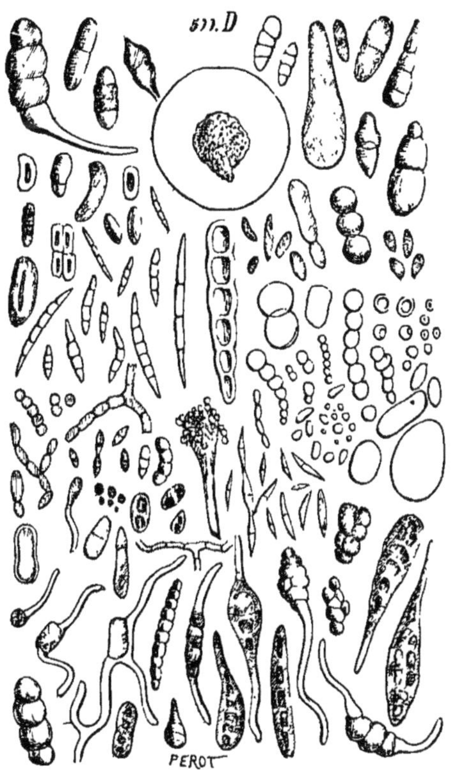

Fig. 6. — Spores cryptogamiques.

copes, M. Miquel est arrivé à des résultats statistiques intéressants et a pu en déduire quelques lois qui paraissent régir le nombre de ces spores. Suivant cet auteur, auquel il faut toujours se rapporter pour tout ce qui touche la micrographie aérienne, il existe en moyenne par mètre cube d'air à Montsouris 14,200 spores cryptogamiques. Ce nombre est variable avec les saisons. C'est ainsi qu'en hiver il s'abaisse à 6,200, pour s'élever au printemps à 13,000 et en été à 28,000, puis décroître en automne à 9,800. Ces variations considérables sont en rapport direct avec les facteurs météorologiques parmi lesquels les plus importants sont la température et l'état hygrométrique de l'air. L'influence de la température est mise en évidence par le tableau suivant :

MOIS	ANNÉE NORMALE	
	Spores.	Température.
Janvier	7,150	2°,4
Février	7,090	4°,5
Mars	5,480	6°,4
Avril	7,510	10°,1
Mai	12,230	14°,2
Juin	35,030	17°,2
Juillet	27,760	18°,9
Août	23,910	18°,5
Septembre	15,930	15°,7
Octobre	14,330	11°,3
Novembre	8,910	6°,5
Décembre	7,030	3°,7

La pluie et la sécheresse, dit le même auteur, ont une action fort différente sur les variations des spores cryptogamiques suivant la saison considérée.

En hiver, par les temps humides, le nombre des semences aériennes passe par un minimum. En temps de sécheresse, l'atmosphère s'enrichit en semences vieilles, ce qu'il faut attribuer à la facilité plus grande qu'a le vent de soulever de terre les particules de toutes sortes qui s'y trouvent répandues. En été, quand un certain degré d'humidité vient s'ajouter à la température élevée de la saison, les spores cryptogamiques sont fort nombreuses. Elles disparaissent au contraire, presque complètement, après une période de sécheresse.

L'atmosphère des égouts parisiens, très peu chargée de poussières inertes et de pollens, se trouvant dans des conditions uniformes de température et d'humidité, contient un nombre remarquablement constant de spores cryptogamiques.

Parmi ces spores cryptogamiques aériennes, il en est qui peuvent vivre en parasites sur l'organisme végétal ou animal ; c'est-à-dire qui apparaissent comme agents de maladies et qui, à ce titre, présentent un intérêt hygiénique direct. D'autres sont capables de provoquer des fermentations, mais ce n'est pas ici le lieu de les étudier.

Dans la classe des champignons infectieux nous citerons :

Uredo, dont les fins myceliums se multiplient activement sur les céréales;

Peronospora infestans ou champignon de la maladie des pommes de terre, se développant surtout sous l'influence d'une trop grande humidité; il apparaît sur les feuilles et dans les tubercules.

D'autres espèces de péronosporées se rencontrent sur les légumineuses, la vigne, etc.

Aspergillus niger. — On se procure facilement cet organisme en exposant au contact de l'air des tranches de citron ou de mie de pain imbibée de vinaigre. M. Raulin [1] en a fait le sujet d'une étude très intéressante, qui nous permet de nous rendre compte des conditions vitales des êtres inférieurs.

Des spores de cet aspergillus ensemencées dans un milieu nutritif convenable et dont voici la composition exacte

Eau	1,500	grammes.
Sucre candi	70	—
Acide tartrique	4	—
Nitrate d'ammoniaque	4	—
Phosphate d'ammoniaque	0gr,6	
Carbonate de potasse	0gr,6	
Carbonate de magnésie	0gr,4	
Sulfate d'ammoniaque	0gr,25	
Sulfate de zinc	0gr,07	
Sulfate de fer	0gr,07	
Silicate de potasse	0gr,07	

ne tardent pas à germer si la température est favorable. Au bout de quelques heures les tubes myceliens forment un feutrage blanchâtre qui augmente rapidement et se recouvre de fructifications noires. Si l'on enlève cette première récolte d'aspergillus, une seconde ne tarde pas à la remplacer; et si l'on tente une troisième culture sur le même

1. Raulin. — *Annales des Sciences naturelles*, 1870.

liquide, débarrassé des deux premières récoltes, elle ne réussit pas les récoltes précédentes ayant épuisé la nutritivité du milieu. La totalité des champignons recueillis dans ces trois cultures successives pèse environ 25 grammes.

Si l'on recommence l'expérience ci-dessus, avec le liquide de Raulin privé d'un de ses éléments, le poids de la nouvelle récolte nous montre l'influence qu'exerçait l'élément supprimé sur le développement de l'organisme. Si l'on enlève, par exemple, les 0gr,032 de zinc contenus dans les 0gr,07 de sulfate de zinc anhydre qui entrent dans la composition du liquide de Raulin, le poids de l'aspergillus produit tombe de 25 grammes à 2gr,5. Autrement dit la petite quantité de zinc introduite dans le liquide de Raulin a provoqué la formation de 734 fois son poids de plante. « Si l'on songe, dit M. Duclaux, que sur un liquide qui contient $\frac{1}{50000}$ de zinc, une ou deux générations d'aspergillus peuvent en absorbant complètement ce métal rendre l'existence d'une nouvelle génération chétive ou impossible, que sur un tel liquide un nouvel ensemencement, j'allais dire une nouvelle inoculation, resterait sans effet, qui ne pourrait pas être surpris de la perspective qui s'ouvre sur les propriétés si merveilleuses et si étranges du vaccin qui ne s'implante pas deux fois de suite sur le même organisme? »

Cet aspergillus niger, si sensible à l'action des substances qui lui sont utiles, ne l'est pas moins pour celles qui lui sont nuisibles. C'est ainsi qu'une quantité extrêmement faible de nitrate d'argent le tue à tout jamais. Une culture de cette plante ne peut même pas commencer dans un vase d'argent.

Quelques auteurs, ayant injecté des spores d'aspergillus dans le système circulatoire du lapin, ont reconnu que ces animaux mouraient en quelques jours et que dans leurs organes, principalement dans les reins, se trouvaient de nombreux foyers mycéliens.

Dans la famille des fungi, mentionnons encore l'*Oïdium* de la vigne qui provoque rapidement la ruine des vignobles et l'*Actinomyces bovis* qui détermine une tumeur très fréquente à la mâchoire du bœuf. Cette affection appelée *actinomycose* a été également observée chez l'homme.

Dans la classe des Saccharomyces il faut citer les *Levures*, agents de la fermentation alcoolique et le *Saccharomyces albicans* ou champignon du muguet que l'on rencontre fréquemment chez les enfants et les personnes affaiblies.

CHAPITRE IV

LES BACTÉRIES

Les bactéries ou schyzomycètes, encore plus connues sous le nom de microbes que leur a donné M. Sédillot, sont des algues uni-cellulaires, privées de chlorophylle et que l'on trouve en grande abondance dans la nature.

Depuis les travaux de M. Pasteur on peut, au moyen de méthodes rigoureuses, montrer dans l'air l'existence de ces germes qui passèrent si longtemps inaperçus, mais dont les effets, connus de tous temps, ont donné lieu à la célèbre controverse des générations spontanées.

M. Pasteur introduisit dans un ballon de verre une certaine quantité d'eau sucrée albumineuse, et mit le col effilé du ballon en relation avec un tube de platine chauffé au rouge. Puis, faisant bouillir le liquide pendant quelque temps pour le purger des germes qu'il pouvait contenir, on le laissait ensuite refroidir lentement et se remplir d'air stérilisé par son passage dans le tube de platine chauffé. On fermait alors à la lampe le col de l'appareil. Cette expérience ainsi faite donne un liquide qui se conserve indéfiniment sans aucune altération. Il en est de même de tout liquide putrescible que l'on met ainsi à l'abri des germes.

Si maintenant on introduit quelques germes atmosphériques dans ces milieux stériles, ils ne tardent pas à entrer en putréfaction. Cette expérience, dit M. Pasteur, réussit toujours quand on opère avec soin et permet d'affirmer :

1° Qu'un liquide, placé à l'abri des impuretés atmosphériques, ne décèle jamais de bactéries;

2° Que ces impuretés seules provoquent l'éclosion des bactéries;

3° Que l'air filtré ou fortement chauffé est absolument impropre à peupler de germes un liquide altérable.

Cette expérience si simple, ainsi interprétée par le génie de M. Pasteur, réduisit à néant la doctrine des générations spontanées que nous allons exposer à titre purement historique.

A la fin du xviie siècle, Leuwenhoeck, en examinant au microscope, qui venait d'être inventé, de l'eau pluviale ou des infusions organiques, les trouva peuplées d'une infinité d'êtres divers. Il remarqua aussi que le premier effet de ces êtres consistait à troubler les liquides primitivement limpides; c'est dans ce monde si étrange des infiniment petits que s'implanta la doctrine des générations spontanées.

On désignait sous le nom de génération spontanée (hétérogénèse) la création complète d'un organisme vivant, en l'absence de tout germe.

La théorie contraire ou homogénèse, aujourd'hui adoptée par tous, enseigne que tout être vivant provient toujours d'un germe ayant lui-même un être adulte pour origine.

En 1745, Needham, ayant enfermé dans des vases hermétiquement clos des infusions végétales, qu'il faisait ensuite bouillir pour détruire les germes qu'elles pouvaient contenir, vit, malgré cette précaution qui pouvait paraître suffisante, ces infusions se peupler de bactéries au bout de quelques jours. Ces bactéries ne pouvaient, d'après lui, que provenir de la génération spontanée. Ces idées, appuyées par l'autorité de Buffon, trouvèrent rapidement créance dans le monde savant.

Cependant l'abbé Spallanzani, célèbre physiologiste italien, ayant répété l'expérience de Needham en chauffant seulement plus longtemps et plus fort, n'observa point de développement d'organismes. Needham prétendit que Spallanzani avait dû altérer, par le chauffage prolongé, soit l'air contenu dans le vase, soit la force végétative de l'infusion. Il n'y avait alors rien à répondre, la composition de l'air étant encore inconnue ainsi que la force végétative; le débat en resta là.

En étudiant les conserves alimentaires d'Appert, qui ne sont autre chose que l'application à l'économie domestique des résultats de Spallanzani, Gay-Lussac trouva que l'air contenu dans les boîtes ne renfermait plus d'oxygène. Ce fait semblait donner gain de cause à Needham lorsqu'il fut infirmé à son tour par une expérience due à Schwann (1835.) Ce savant disposait une infusion dans un vase fermé par un bouchon, livrant passage à deux tubes métalliques pouvant être facilement portés au rouge. Il faisait bouillir l'infusion pour la stériliser puis la laissait refroidir. Dans ces conditions l'air qui entrait dans l'appareil était calciné par son passage dans les tubes. L'infusion ainsi préparée restait toujours stérile, même si on renouvelait, toujours au travers des tubes chauffés, l'air contenu dans l'appareil.

En 1836, Schultze obtint les mêmes résultats en remplaçant les tubes chauffés de Schwann par deux flacons laveurs contenant de l'acide sulfurique.

En 1854, Schröder et Dusch arrivèrent au même résultat négatif en retenant les poussières de l'air sur des bourres de coton.

Tous ces travaux venaient donc corroborer les résultats de Spallanzani. Autrement dit, c'était dans l'air qu'il fallait chercher la cause de l'altération des infusions.

Cependant, avec ces moyens d'investigations grossiers, il arrivait parfois que les infusions se troublaient, malgré toutes les précautions prises pour en éloigner les germes. Les hétérogénistes s'emparaient aussitôt de ces faits qui semblaient donner raison à leur doctrine.

Pouchet fut au nombre de ceux-ci.

Dans un flacon plein d'eau bouillie il introduisait une petite quantité de foin chauffé pendant vingt minutes à 100° et il ne tardait pas à constater un abondant développement de microorganismes. Il attribuait aussitôt ce fait à l'hétérogénèse.

La question restait toujours en suspens et, dans le but de la trancher, l'Académie des Sciences la mit au concours.

C'est alors que M. Pasteur (1860), par de mémorables expériences, dont une a été citée plus haut, détruisit un à un tous les arguments des hétérogénistes et fit triompher par cela même la doctrine de l'homogénèse.

Lorsque l'on examine au microscope les poussières brutes de l'air recueillies avec les aéroscopes, ou plus simplement une goutte d'une infusion dans laquelle on a fait barboter un certain volume d'air, on peut facilement y reconnaître des bactéries en tous points semblables à celles que l'on trouve habituellement dans le sol ou dans l'eau.

Ces êtres innombrables peuvent pour la facilité de leur étude se ranger d'après leur forme en 3 classes principales :

I. Les *Microcoques*, se présentant habituellement sous la forme de cellules globuleuses immobiles animées seulement d'un mouvement vibratile (mouvement brownien[1]). Ils se multiplient par division directe et l'on n'observe jamais chez eux de formation de spores.

La cellule en voie de division apparaît sous une forme allongée présentant un étranglement médian qui va s'accentuant au fur et à mesure que la division s'achève. Quand celle-ci est effectuée, les deux nouvelles cellules se divisent à leur tour.

Isolés, ces individus nouveaux portent le nom de Coccus. S'ils restent unis en chaîne ou en chapelet de deux ou plusieurs articles, on les nomme Diplocoques ou Streptocoques; en amas irréguliers (zooglées) on les appelle Staphylocoques. On observe assez fréquemment des amas réguliers formés de microcoques réunis quatre par quatre : ce sont les Sarcines (fig. 7) (1). La figure 7 (4) représente, d'après M. le docteur Miquel, les principaux microcoques atmosphériques.

Quelques-uns sont colorés, comme le micrococcus prodigiosus, qui se développe très facilement dans le lait et lui communique une coloration rouge.

Parmi les microcoques pathogènes que l'on rencontre dans l'air citons : le microcoque de l'infection puerpérale, étudié par M. Pasteur, le streptocoque de l'érysipèle et les staphylocoques aureus et albus, agents habituels de la suppuration.

Indiquons encore, pour mémoire, quelques microcoques zymogènes[2] : le ferment lactique en chapelet; le microderma acéti, les ferments de l'urée, etc.

On désigne sous le nom de *Bactériums* une classe de microbes dont les caractères morphologiques sont assez sem-

---

1. Ce mouvement peut facilement s'observer en examinant au microscope certaines poudres inertes en suspension dans l'eau.
2. Capable de produire une fermentation.

blables à ceux des microcoques. Ils sont seulement plus allongés et doués en général de mouvements très rapides.

La figure 7 (3) représente quelques-uns des bactériums que l'on rencontre le plus fréquemment dans l'atmosphère.

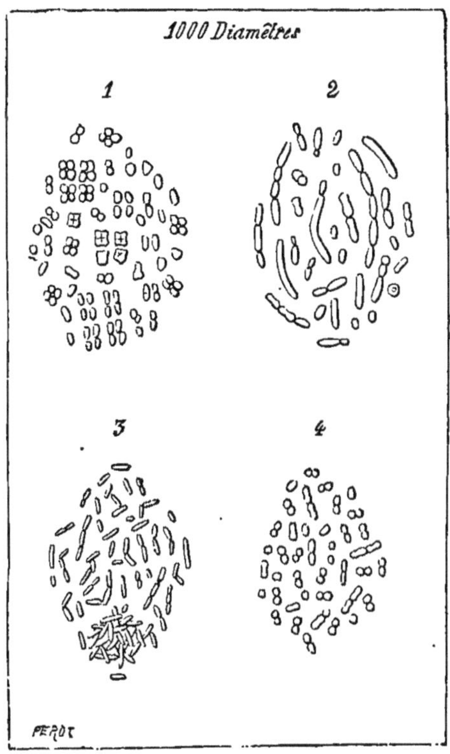

Fig. 7. — Bactéries atmosphériques.

II. Les *Bacilles* sont constitués en forme de bâtonnets plus ou moins incurvés. Ce qui paraît les différencier le plus nettement des autres microbes c'est leur mode de reproduction. En effet, il est très difficile de distinguer un bactérium un peu long d'un bacille court ou un bacille dégénéré en granulation d'un microcoque.

Les bacilles possèdent à coup sûr deux façons de se reproduire : 1° la reproduction par scissiparité qui leur est du reste commune avec les microcoques et les bactériums ; 2° la reproduction par formation de graines ou spores endogènes. La découverte de ce dernier mode est due à M. Pasteur.

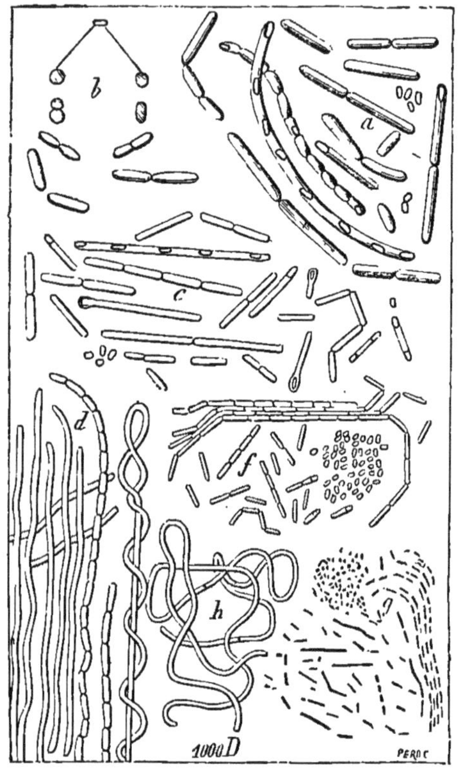

Fig. 8. — Bacilles atmosphériques.

Voici brièvement comment M. Van Tieghem décrit les phases successives du développement d'un bacille : « Le développement d'un bacille comprend quatre périodes successives. Dans la première, le petit corps cylindrique récemment issu d'une spore s'allonge rapidement et se cloisonne, les articles restant ou se séparant en longs filaments. Dans la seconde, l'article ayant cessé de s'allonger et de se cloisonner, grossit sensiblement, soit uniformément, et l'article reste alors cylindrique; soit à l'une des extrémités, il prend alors une forme rappelant celle du têtard; soit au centre et prend la forme d'un fuseau. Dans la troisième période il se forme dans chaque article et de préférence au point renflé une spore homogène très réfringente. En même temps que le protoplasma qui occupe le reste de la cavité se résorbe peu à peu, il est remplacé par un liquide transparent dans lequel nage la spore.

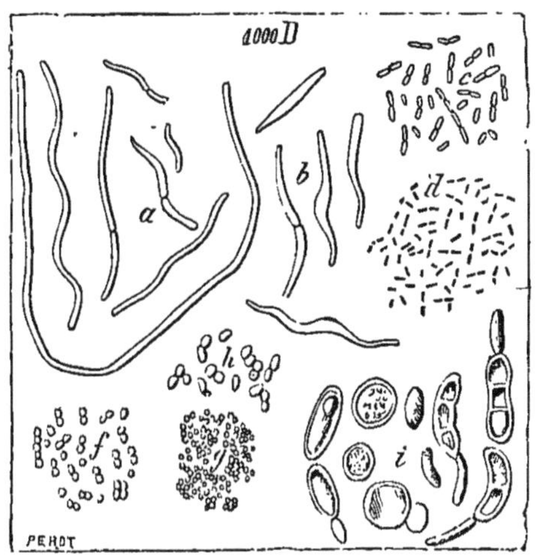

Fig. 9. — Bactéries atmosphériques.

Bientôt la membrane se rompt et la spore devient libre ; celle-ci se met à germer. En un point de son contour pousse un petit tube qui s'allonge rapidement et se cloisonne ; cette quatrième période nous ramène à notre point de départ. » La figure 8 représente quelques bacilles atmosphériques décrits par M. le Dr Miquel.

A côté de ces bacilles vulgaires on en trouve un très grand nombre qui jouissent de propriétés spéciales. Les uns sont capables de provoquer des fermentations, des putréfactions. D'autres sont la cause première de maladies qui frappent les animaux et les hommes. Parmi ceux-ci nous citerons le bacille de la tuberculose que l'on trouve en très grand nombre dans les crachats des tuberculeux. Ceux-ci se desséchant se réduisent en poussière extrêmement fine qui se répand dans l'atmosphère et constitue certainement une puissante cause de contagion. Beaucoup de faits du reste plaident en faveur de la non hérédité de cette terrible maladie et semblent prouver que la tuberculose se transmet par l'air que nous respirons. On comprend dès lors combien il serait utile de pouvoir désinfecter radicalement l'atmosphère de nos appartements.

III. Les *Microbes spiralés* et les *Vibrions* (fig. 9) (*a*) se présentent sous la forme de petits bâtonnets incurvés et qui se déplacent en ondulant. Les principaux représentants de cette famille sont les vibrions proprement dits, les spirochætes et les spirilles. L'air atmosphérique paraissant dépourvu de ces organismes, nous n'en parlerons pas davantage.

MÉTHODES DE RÉCOLTE ET DE CULTURE

Pour récolter les bactéries atmosphériques il faut tout d'abord se procurer des milieux qui en soient exempts. Ces milieux, terrains de culture ou bouillons nutritifs, seront, suivant les cas, liquides ou solides.

Les premiers milieux de culture employés par M. Pasteur et appelés par lui *liqueurs minérales* se composaient de :

Eau distillée	100	grammes.
Sucre candi	10	—
Cendres de levure	0,075	

Cette solution, qui se prête bien au développement de certains organismes, est peu favorable à la culture des microbes atmosphériques.

M. Cohn, professeur à Breslau, retrancha de la liqueur de M. Pasteur le sucre candi et le remplaça par des sels plus nutritifs. Aujourd'hui on emploie dans tous les laboratoires le bouillon de bœuf bien connu des ménagères ou bien encore un bouillon artificiel obtenu en dissolvant dans de l'eau une certaine quantité de peptone[1] et de sel marin. Ce dernier

1. La peptone résulte de la digestion artificielle des matières albuminoïdes, c'est-à-dire des substances telles que l'*albumine* du blanc d'œuf, la *fibrine* du sang, le *gluten* de la farine, tous corps organiques composés de carbone, d'oxygène, d'hydrogène et d'azote.

bouillon se montre extrêmement nutritif et, lorsqu'on l'additionne de sucre, d'urée, etc., il devient très précieux pour la recherche des ferments alcooliques, ammoniacaux ou putrides.

Les bouillons de culture indiqués ci-dessus sont liquides. Il est souvent fort commode d'effectuer des cultures sur un terrain nutritif solide. On parvient aisément à préparer un tel terrain en incorporant une certaine dose de gélatine dans du bouillon de peptone ou bien en se servant de certains liquides coagulables, comme le sérum sanguin par exemple ; ou encore en faisant les cultures directement sur un corps nutritif solide comme les tranches de pommes de terre.

Fig. 10. — Vases à culture.

Notre terrain de culture étant préparé, nous le répartirons dans des vases de formes appropriées au but que l'on poursuit. Dans le cas qui nous occupe ce seront des matras de Pasteur ou des flacons de Freudenreich représentés par les figures 10, 11 et 12.

Fig. 11. — Vase à culture.

Nous procéderons dès lors à l'importante opération de la stérilisation. Pour cela on chauffe dans une espèce de marmite de Papin, à la température de 110 degrés maintenue pendant une heure, les vases contenant les milieux nutritifs. Cette température est nécessaire, comme l'a montré M. Pasteur, et c'est faute de l'avoir su que les partisans de la génération spontanée ont pu effectuer des expériences semblant confirmer leur doctrine. Après refroidissement nous serons en possession de milieux de culture stériles pouvant le rester indéfiniment, protégés qu'ils sont des impuretés atmosphériques.

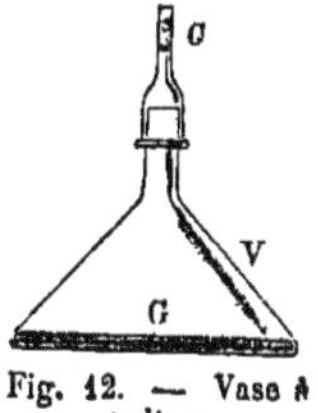

Fig. 12. — Vase à culture.

On peut encore obtenir des liqueurs stériles en les filtrant à froid sur des filtres en terre de pipe ou en porcelaine dégourdie. On peut aussi extraire directement certains liquides de l'organisme animal, en se préservant bien entendu des causes d'erreur pouvant provenir de l'air ambiant. C'est ainsi que l'on peut recueillir du lait, du sang, de l'urine stériles en ponctionnant directement au moyen d'une pipette effilée et flambée les conduits galactophores, les veines, la vessie d'un animal sain.

Les procédés employés pour l'analyse de l'air peuvent être ramenés à deux types principaux. Nous allons décrire avec quelques détails ces deux procédés tels que M. le Dr Miquel les emploie journellement à l'observatoire de Montsouris.

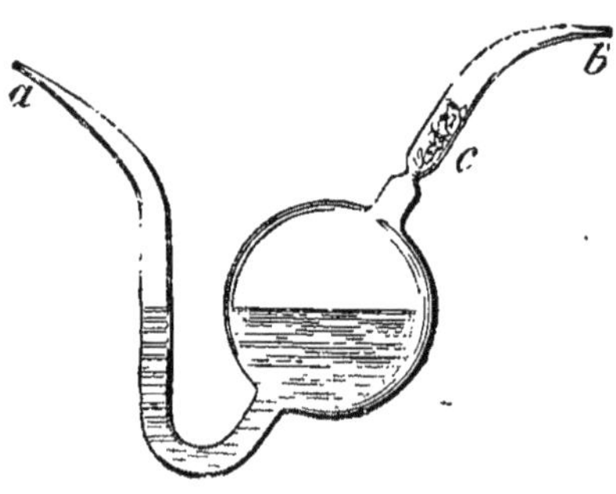

Fig. 13. — Tube à boule.

Premier procédé. — On place dans l'appareil montré par la figure 13 de la gélatine nutritive et le tout est dûment stérilisé.

Pour faire une analyse on adapte à l'extrémité *b* le tube d'un aspirateur gradué. Après avoir fondu la gélatine à une douce chaleur on brise la pointe *a* avec une pince *flambée*[1]. Lorsque la quantité d'air voulue a traversé l'appareil, on referme d'un trait de chalumeau la pointe *a* et l'on place l'appareil dans une étuve réglée à 20°. La gélatine se solidifie et l'on conçoit facilement que chaque germe introduit dans le milieu se trouve emprisonné à une place immuable. Chacun de ces germes donne bientôt naissance à une famille ou colonie qui se groupe autour du germe originel et qui devient, vu l'extrême vitesse de reproduction de ces organismes, assez volumineuse pour être distinguée à l'œil nu. Au bout de quelques jours d'incubation on pourra donc compter le nombre des germes qui se trouvaient dans le

1. Stérilisée par la chaleur.

volume d'air qui a barboté dans l'appareil. Si l'on désire approfondir davantage la nature des organismes qui se sont développés, on pourra les transporter isolément dans d'autres milieux de culture stérilisés, ce qui nous permettra d'étudier plus facilement leurs fonctions physiologiques. Nous pourrons ensuite les inoculer dans l'organisme d'animaux sains et étudier les modifications pathologiques qu'ils y détermineront.

Deuxième procédé.— Il consiste à filtrer une certaine quantité d'air sur une substance capable d'arrêter les germes et à examiner le dépôt resté adhérent au filtre. M. A. Gautier a eu l'ingénieuse idée d'employer comme substance filtrante une poudre soluble, le sulfate de soude ou le sucre candi, pouvant être stérilisée sans altération.

Dans la figure 14, nous voyons l'appareil employé à l'observatoire de Montsouris. En *jj'* on place le sulfate de

Fig. 14. — Filtre à poudre.

soude desséché et granulé et le tout est stérilisé par un chauffage prolongé dans l'air sec à 150°.

Pour faire l'analyse on adapte en *b* un aspirateur gradué et l'on enlève le capuchon C. Quand le volume d'air voulu a traversé l'appareil en y abandonnant ses germes, on dissout la poudre soluble dans un volume connu d'eau stérilisée et celle-ci est répartie dans de la gélatine nutritive préalablement liquéfiée par la chaleur.

Supposons par exemple que nous ayons fait passer cent litres d'air sur le filtre à sulfate de soude et que celui-ci ait été dissous dans soixante centimètres cubes d'eau stérilisée. Supposons encore que nous ayons réparti six centimètres cubes de la dissolution dans de la gélatine nutritive et qu'après un mois d'incubation nous ayons compté 15 colonies. Le nombre N de germes contenus dans un mètre cube d'air analysé nous sera donné par la formule suivante :

$$N = 15 \times 10 \times 10 = 1,500$$

Soit 1,500 germes bactériens par mètre cube susceptibles de croître dans le milieu gélatiné.

CHAPITRE V

RÉSULTATS STATISTIQUES

L'étude statistique du nombre des bactéries présente une importance considérable. Nous avons vu en effet qu'à côté d'organismes vulgaires il existe dans l'air atmosphérique un certain nombre de bactéries pathogènes.

L'hygiéniste doit donc s'astreindre à compter attentivement les germes des habitations, des villes et des campagnes afin de nous permettre d'aller vivre dans les endroits en contenant peu, ou de pouvoir lutter contre leur invasion par des moyens efficaces quand nos occupations nous obligent à demeurer dans des lieux plus ou moins infectés.

C'est encore à M. le D Miquel que nous sommes redevables des travaux les plus intéressants et les plus importants sur ce sujet. Depuis un certain nombre d'années ce patient observateur compte journellement les bactéries répandues dans l'atmosphère du parc de Montsouris, de l'intérieur de Paris, au voisinage de l'Hôtel de Ville, et dans l'air des égouts.

En joignant à ces expériences quelques déterminations faites dans des atmosphères confinées : théâtres, casernes, hôpitaux, ou encore dans les lieux élevés comme au sommet de quelques monuments, il a pu établir, comme pour les spores cryptogamiques, plusieurs lois suivant lesquelles s'effectuent les variations du nombre des bactéries charriées par l'air atmosphérique.

A Montsouris, le nombre des bactéries, faible en hiver, croît au printemps, reste élevé en été et diminue rapidement à la fin de l'automne.

Une température élevée semble donc favorable au développement des germes aériens, mais il est d'autres causes météorologiques dont l'action considérable tantôt s'accorde et tantôt contrarie celle de la température. C'est ainsi qu'après une période de pluie les microbes disparaissent presque complètement dans l'air, tandis qu'on les y trouve en très grande abondance après une longue période de sécheresse. Si le lecteur veut bien se reporter à ce que nous avons dit plus haut au sujet des variations des spores cryptogamiques, il verra facilement que l'humidité et la sécheresse exercent une action

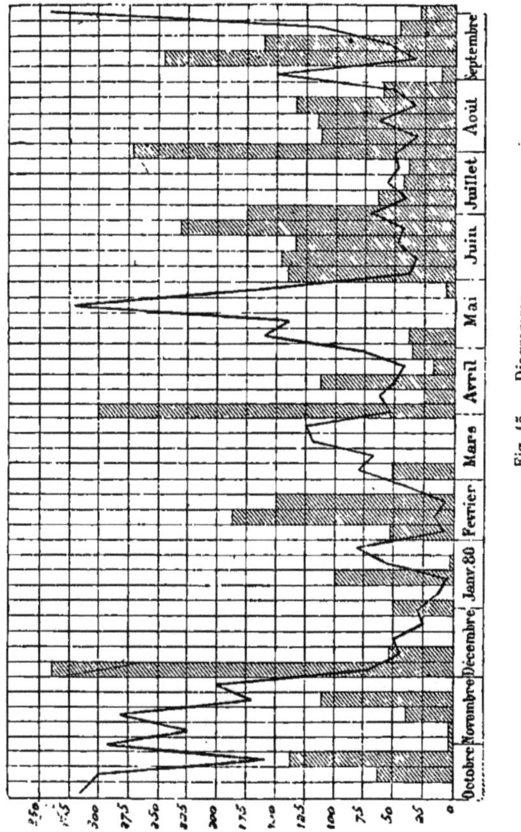

Fig. 15. — Diagramme.

contraire sur les spores bactériennes et les spores cryptogamiques.

Le diagramme suivant (fig. 15) met bien en évidence l'influence de la pluie sur le nombre des germes de bactéries; chaque intervalle horizontal représente 2mm,5 de pluie et 25 bactéries par mètre cube: la ligne pleine, irrégulière, représente le nombre des germes ; les espaces rectangulaires hachés représentent les hauteurs d'eau tombée.

À l'examen de ce diagramme, on voit aisément que pendant les périodes pluvieuses le chiffre des bactéries devient extrêmement faible, et passe au contraire par des maxima pendant la sécheresse [1].

La direction et la force du vent ont aussi sur le nombre des bactéries atmosphériques une influence qui n'est pas négligeable. En effet, le vent qui souffle du sud est très pur, tandis que celui qui arrive au parc de Montsouris après avoir traversé Paris se montre beaucoup plus chargé de microorganismes.

Le nombre des bactéries recueillies par mètre cube d'air au centre de Paris est 6,000 en moyenne. Il diminue au fur et à mesure qu'on s'élève dans l'atmosphère.

MICROBES RÉCOLTÉS PAR SAISON

Saisons.	Place Saint-Gervais.	Parc de Montsouris.
Automne	4,860	185
Hiver	3,910	175
Printemps	6,800	325
Été	8,590	410
Moyennes	6,040	275

Au parc de Montsouris, on ne trouve que 275 bactéries par mètre cube d'air analysé.

L'air du centre de Paris se montre donc à volume égal environ 20 fois plus chargé de microbes que l'air du parc de Montsouris.

Les organismes les plus fréquents qui existent dans l'air de la ville sont les micrococques ; puis viennent ensuite par ordre de fréquence les bacilles, les bactériums et enfin les vibrions que l'on rencontre 1 ou 2 fois sur 1,000.

	Place Saint-Gervais.	Parc de Montsouris.
Microccus	93	79
Bacilles	5	14
Bactériums	2	7
	100	100

1. MIQUEL, *Annuaire de l'Observatoire de Montsouris*, pour l'an 1881.

Rappelons ici que M. Pasteur, en exposant des bouillons nutritifs à l'atmosphère de hautes montagnes, ne parvint pas à les ensemencer.

Les atmosphères confinées des appartements et surtout des hôpitaux se montrent très chargées de germes microbiens. C'est ainsi que le Dr Miquel a trouvé dans les salles de l'Hôtel-Dieu et de la Pitié des nombres variant de 6,000 à 11,000 germes par mètre cube d'air en opérant avec du bouillon Liebig qui est environ 7 à 8 fois moins sensible aux germes que les bouillons de peptone actuellement employés.

Quant à l'atmosphère des égouts, toujours très humide et en contact avec une eau souillée charriant vers le fleuve les détritus de la ville, les eaux vannes et une partie des vidanges, eau contenant plusieurs dizaines de millions de microbes par centimètre cube, l'atmosphère des égouts, dis-je, semblerait de prime abord devoir être très riche en microbes : il n'en est rien et, d'après une série de recherches effectuées dans le grand égout collecteur du boulevard Sébastopol, l'air de cette galerie ne contient que 5,000 germes par mètre cube, nombre assez voisin comme l'on voit de celui de l'air de la rue.

Il semble en effet que les substances en putréfaction, à la condition d'être humides, ne laissent pas échapper dans l'air ambiant les nombreux microbes qu'elles contiennent, quoique dégageant souvent une odeur insupportable. Il peut même arriver que l'air des rues devienne dans certaines circonstances cinq et six fois plus impur que l'air de l'égout sous-jacent.

Ce chiffre faible de bactéries contenues dans l'air des égouts doit évidemment tenir à son humidité constante. Nous savons qu'on y trouve un grand nombre de moisissures, ce qui est du reste conforme à ce que nous avons dit plus haut.

Dans les pages précédentes, nous avons cherché à faire connaître au lecteur, peu au courant de ce genre de recherches, les divers procédés actuellement en usage pour l'étude des sédiments inertes et des organismes vivants de l'atmosphère. Ces organismes existent partout pour ainsi dire, et en quantité très variable. Nous avons vu que M. Pasteur, en exposant des liqueurs altérables à l'air de hautes montagnes (Montanvert), les a vues rester stériles.

M. de Freudenreich, dans deux séries d'expériences effectuées les unes dans les Alpes bernoises, les autres dans les Alpes italiennes au col du Théodule, sur des volumes d'air considérables, a reconnu que l'air des glaciers ne contenait qu'un nombre très faible de microbes. Il en est de même de l'air marin qui ne féconde que rarement les infusions, ainsi qu'il résulte des travaux de M. le commandant Moreau qui expérimentait à bord d'un navire sur de l'air puisé à plusieurs centaines de kilomètres des continents.

Malheureusement il n'en est pas ainsi partout, et nous sommes, dans les villes, condamnés à vivre dans une atmosphère très riche en germes bactériens. Parmi ceux-ci un très grand nombre sont parfaitement inoffensifs ; mais il en est, comme nous l'avons vu, qui sont les agents spécifiques des plus graves maladies.

L'air et l'eau sont regardés par beaucoup de savants comme les deux principales voies de transmission des maladies infectieuses et épidémiques. Il est aujourd'hui admis que le choléra et la fièvre typhoïde se propagent par les cours d'eau. L'air possède le triste privilège de charrier incessamment, parmi ses poussières, les germes des fièvres éruptives, de l'érysipèle, des affections septiques, de la tuberculose, etc.

Il est à souhaiter que les mesures hygiéniques se multiplient, afin de lutter avec efficacité contre l'envahissement croissant des microbes qui nous déciment.

Voici à ce sujet un tableau très instructif :

MOYENNES GÉNÉRALES ANNUELLES DES BACTÉRIES RÉCOLTÉES PAR MÈTRE CUBE D'AIR

Années.	A Montsouris.	Au centre de Paris.
1884	480	3,480
1885	455	3,910
1886	428	3,975
1887	390	3,800
1888	365	4,290
1889	»	4,520
1890	345	4,790
1891	300	5,100
1892	290	5,430
1893	275	6,040

au sujet duquel M. le Dr Miquel fait très justement observer qu'à mesure que l'air du parc de Montsouris se purifie en germes à cause de ses embellissements successifs, de sa végétation plus luxuriante et de la disparition des usines et dépotoirs qui existaient au voisinage, l'air de Paris, au contraire, se charge de microorganismes en même temps qu'augmente le nombre des habitants. Peut-être, dit cet auteur [1], l'atmosphère relativement si impure que l'on respire au milieu des vastes agglomérations, est-elle due à un progrès dans la propreté des habitants, qui s'empressent avec plus de soin que jadis de se débarrasser des poussières en les jetant à l'extérieur, au moment de la toilette journalière des maisons. On doit déplorer cette façon d'agir, qui se retourne du reste contre ceux qui l'emploient, car les germes, sans cesse brassés par l'atmosphère, reviennent dans les habitations; et si ce ne sont pas ceux qu'on a soi-même jetés, ce sont ceux que les voisins y ont envoyés à leur tour.

Dans les atmosphères où les causes d'infection sont peu variables, le nombre moyen des germes change fort peu. C'est ainsi que, dans l'air des égouts, le nombre des bactéries, qui était égal à 3,600 par mètre cube en 1881, s'est élevé seulement à 4,070 en 1893.

CHAPITRE VI

LA DESTRUCTION DES GERMES

Nous passerons en revue, dans ce dernier chapitre, les procédés que l'hygiène emploie pour détruire les germes de l'atmosphère et les poussières des habitations.

Quant aux poussières des rues, le procédé actuellement en usage est de les arroser fréquemment, ce qui en entraîne une grande partie dans les égouts. De plus, nous avons vu que les substances humides abandonnent difficilement leurs

---

1. Dr Miquel, *Annales de micrographie*, tome VI, page 264.

germes à l'air ambiant. Pour diminuer le nombre des germes des habitations, il est préférable de substituer aux balais et aux plumeaux qui répandent la poussière partout, un linge légèrement humecté. Les joints des parquets doivent être soigneusement obturés par de la cire, égalisée par un frottage énergique. Toutes les fois que cela sera possible, on lavera les murs, les plafonds, les parquets à grande eau ou avec des liquides antiseptiques. Ces précautions seront surtout nécessaires après qu'une maladie contagieuse se sera déclarée dans un appartement. Dans ce cas, il est même nécessaire de faire passer à l'étuve les objets de literie, les linges, les tapis, les tentures contaminées.

La désinfection d'un appartement est une opération très délicate. C'est actuellement les pulvérisations de sublimé, en solution aqueuse à 1 ou 2 pour 1,000 additionnée ou non suivant les cas d'acide chlorhydrique ou de sel marin, qui donnent le meilleur résultat. Ces pulvérisations se font à Paris, par les soins de la ville, à l'aide d'appareils Geneste et Herscher.

Différentes substances jouissent également, à l'état de solution, de propriétés antiseptiques énergiques. Tels sont certains corps minéraux et organiques : la chaux, les sels de zinc, de fer, de cuivre, l'acide borique, etc., et parmi les corps organiques, nous mentionnerons surtout quelques composés appartenant à la série dite aromatique : le phénol, le crésol, le thymol, l'acide salycilique, etc.; mais aucun de ces produits ne possède un pouvoir microbicide comparable à celui du sublimé.

Cependant il est des cas où ce dernier ne peut être employé, et où il est préférable d'avoir recours à des substances antiseptiques gazeuses ou à l'état de vapeurs dont le pouvoir pénétrant est très considérable. Parmi ces derniers, il faut citer le chlore, les vapeurs de brome et d'iode, le gaz acide chlorhydrique, l'anhydride sulfureux, le gaz ammoniac. Certaines vapeurs provenant d'essences de plantes, principalement des labiées (thym, menthe, lavande), jouissent également de propriétés microbicides énergiques. Mais leur emploi est limité par leur prix élevé et aussi parce que la plupart de ces substances ont le grand inconvénient d'altérer souvent profondément les étoffes, les métaux, les peintures, les objets et les meubles qui peuvent se trouver à leur contact.

Une dernière substance gazeuse qui nous paraît devoir laisser bien loin derrière elle tous les autres antiseptiques, quand on aura trouvé le moyen de l'employer commodément, est l'aldéhyde formique, dont M. le Dr Miquel vient de signaler les propriétés remarquables à ce point de vue.

Il résulte, de nos propres expériences [1], que le procédé le plus simple pour répandre dans l'atmosphère d'un local à désinfecter une quantité déterminée d'aldéhyde formique gazeux consiste à produire directement cet aldéhyde par la combustion incomplète de l'alcool méthylique (esprit de bois) dans des lampes spéciales, dont la mèche est entourée de toile de platine.

Comme application pratique de l'étude des microbes aériens, nous citerons, en terminant, la méthode des pansements antiseptiques au phénol, au thymol, au bichlorure de mercure (sublimé), à l'iodoforme, dont l'action toute-puissante arrête la multiplication des microbes, si elle ne les tue tout à fait, et met les blessés et les opérés à l'abri d'une mort certaine.

---

1. R. Cambier et A. Brochet, *Comptes rendus de l'Académie des sciences*, page 264.

TABLE DES MATIÈRES

Sceaux. — Imprimerie Charaire et Cie.

BIBLIOTHÈQUE SCIENTIFIQUE
DES ÉCOLES ET DES FAMILLES

CONDITIONS DE VENTE :

Le volume : Quinze centimes

CHEZ TOUS LES LIBRAIRES,
MARCHANDS DE JOURNAUX
ET DANS LES GARES.

Un volume : vingt centimes.
2 vol., **35** centimes ; **25** vol., **4** francs.
Franco par la poste en s'adressant
à M. Henri GAUTIER, directeur,
55, quai des Grands-Augustins, Paris.

Il suffit d'indiquer le numéro des volumes qu'on désire, sans donner le titre.

VOLUMES EN VENTE

1. **La Photographie**, les appareils et leur usage, par Auguste et Louis Lumière.
2. **Les Fourmis**, leurs caractères, leurs mœurs, par H. Mercereau, professeur de l'Université.
3. **Les Travaux de M. Pasteur** ; microbes bienfaisants et microbes malfaisants, par Gustave Philippon, docteur ès sciences.
4. **Les Parfums**, leurs origines, leur fabrication, par H. Coupin, préparateur à la Faculté des Sciences.
5. **Neige et Glaciers**, par C. Velain, chargé de cours à la Faculté des Sciences de Paris.
6. **Lavoisier**, sa vie, ses travaux, par H. Mercereau, professeur de l'Université.
7. **Les Ballons**, par Capazza, aéronaute.
8. **Sucres, Sucrerie et Raffinerie**, par A. Hébert, préparateur à la Faculté de Médecine
9. **Les Animaux travailleurs**, par Victor Meunier.
10. **Les Plantes vénéneuses**, par L. Duclos, préparateur à la Faculté de Médecine.
11. **La Soie**, soie naturelle, soie artificielle, par H. Mercereau, professeur de l'Université.
12. **Les Impôts sous l'ancien Régime**, par L. Prévaudeau, licencié en droit.
13. **La Photographie**, développement et tirage, par Auguste et Louis Lumière.
14. **Le Collectionneur d'insectes**, par Henri Coupin, préparateur à la Faculté des Sciences.
15. **L'Éclairage électrique**, par E. Dumont, professeur à l'École des Hautes Etudes commerciales.
16. **L'Industrie de l'alcool**, par A. Hébert, préparateur à la Faculté de Médecine.
17. **Les Microbes de l'air**, par R. Cambier, attaché à l'Observatoire de Montsouris.
18. **La Fièvre**, théories anciennes et modernes, par le Dr Garran de Balzan.
19. **Le Diamant**, par H. Mercereau, professeur de l'Université.
20. **La Céramique et la Verrerie à travers les âges**, par A. Quillard, préparateur de chimie à la Faculté de Médecine.
21. **Hygiène du chauffage et de l'éclairage**, par N. Gréhant, professeur au Muséum.
22. **Les Impôts depuis la Révolution**, par L. Prévaudeau, licencié en droit.
23. **Les Pierres tombées du ciel**, par Stanislas Meunier, professeur au Muséum.
24. **Le Soleil**, par Charles Martin, professeur de l'Université.
25. **Maladies microbiennes : le Croup**, par le Dr Lesage, chef de laboratoire à la Faculté de Médecine de Paris.
26. **Les Travaux d'Edison**, par E. Dumont, professeur à l'Ecole des Hautes Études commerciales.
27. **Voitures sans chevaux**, par E. Dumont, professeur à l'École des Hautes Études commerciales.

Adresser les demandes, accompagnées d'un mandat sur la poste, à M. Henri GAUTIER, éditeur, 55, quai des Grands-Augustins, PARIS

SCE. UX. IMP. CHARAIRE ET Cie.

www.ingramcontent.com/pod-product-compliance
Ingram Content Group UK Ltd.
Pitfield, Milton Keynes, MK11 3LW, UK
UKHW021040180726
13838UKWH00004B/1928

9 782329 079998